规划我的零用钱

财商培养

刷刷 著

希望出版社

图书在版编目（CIP）数据

规划我的零用钱：财商培养 / 刷刷著. -- 太原：希望出版社，2025.3. --（女生成长小红书）.
ISBN 978-7-5379-9275-6

Ⅰ . TS976.15-49

中国国家版本馆CIP数据核字第2024JC6527号

GUIHUA WO DE LINGYONGQIAN CAISHANG PEIYANG

规划我的零用钱　财商培养

刷　刷　著

出版人：王　琦	美术编辑：安　星
项目统筹：翟丽莎	封面绘图：赵倩倩
责任编辑：安　星	装帧设计：安　星
复　　审：翟丽莎	责任印制：李　林
终　　审：张　平	

出版发行：希望出版社
地　　址：山西省太原市建设南路21号
开　　本：880mm×1230mm　1/32　　印　张：5
版　　次：2025年3月第1版　　印　次：2025年3月第1次印刷
印　　刷：山西基因包装印刷科技股份有限公司

书　　号：ISBN 978-7-5379-9275-6　　定　价：29.00元

版权所有　盗版必究

目录

1 金钱是个友善的朋友 …… 01

2 零用钱怎么花 ………… 19

3 超级储蓄计划 ………… 37

4 节俭的"抠门"女生 …… 57

5 信用卡的秘密 ………… 71

6 一只假表的"价值" …… 91

7 打工记 ………………… 111

8 生日礼物风波 ………… 125

9 神奇的网购 …………… 141

1 金钱是个友善的朋友

金钱是个友善的朋友,只是,很多时候,我们对金钱的态度让友善的金钱换上了狰狞的面孔。

小时候,吉吉每次让爸爸陪她去玩的时候,爸爸都会说同一句话:"吉吉乖,爸爸要上班,等有空了就陪你去玩啊!"

吉吉不依不饶地说:"您为什么要去上班啊?"

"因为爸爸要赚钱。只有赚了钱,才能给吉吉买好吃的,买洋娃娃,买新衣服啊!"爸爸笑着说。

每一次,当听到这些话的时候,吉吉都会松开爸爸的手,说:"爸爸要多赚钱啊!"

可以买很多好东西,这是吉吉对金钱最早的印象。

后来,吉吉上了小学,有了自己的零花钱;过年的时候,还能得到很多压岁钱。吉吉的生活与钱的关系越来越密切了。

吉吉发现,赚钱其实是一件很辛苦的事情,就像爸爸，没日没夜地工作，赚的钱要还家里的房贷、车贷，还要买日常用品。家里几乎每天都要花费很多钱。

爸爸每天都很晚才回来，回家后连说话的力气都没有了，常常是窝在沙发里看会儿电视就睡着了。

妈妈经常告诉吉吉，赚钱不容易，钱要省着花，不必要的东西最好不要买。所以，吉吉想要一辆自行车，都一直没敢开口呢。

有一天，吉吉陪爸爸妈妈去买菜。

那天，爸爸好不容易有空，妈妈说家里没米了，就叫上爸爸和吉吉一起去了菜市场。

菜市场人声鼎沸，到处都是叫卖声。

妈妈一样样地翻看着蔬菜，问问这个多少钱，那个能不能便宜点卖。

吉吉心想，什么都离不开钱啊，钱可真是太重要了。"斤斤计较"这个成语，一到菜市场就理解

女生成长 小红书

啦,全是钱惹的祸。

逛了半个多小时,妈妈只买了些萝卜和芹菜,还一个劲地抱怨:"这菜价是越涨越高啦,工资不涨,菜价天天涨,你们瞧,有哪样菜是低于五元一斤的呀!"

爸爸也在一边叹息:"是啊,连菜都快吃不起了。"

吉吉被新鲜的鱼吸引住了,看见鱼,还真的有点馋了,家里已经有一个月没有做过鱼啦。

看吉吉盯着鱼,爸爸说:"买条鱼吧,好久没吃了。吉吉都馋了,是吧?"

吉吉点点头。

妈妈看父女俩站在那里不走了,就上前问道:"老板,鲤鱼多少钱一斤啊?"

"九元。早上刚拉来的鱼呢,就剩这几条啦。"老板说。

妈妈一听,立即瞪大眼睛,说:"这么贵啊,以前不是七元吗?"

老板微微一笑说:"早涨啦,七元我都进不来货呢。"

妈妈转过头看着爸爸说:"算了吧,太贵啦。"

爸爸狠了狠心说:"贵就贵点,买条小的,吉吉想吃呢!"

妈妈盯着鱼池说:"老板,抓条小的。"

一个小时后,吉吉一家人出了菜市场,妈妈已经在絮絮叨叨地算账啦:"就买这么点东西,怎么一百元就没有啦!"

爸爸说:"嘿,现在的小贩,哪个的秤不短上一点呢!"

菜市场门口停着卖新鲜水果的小车,其中有一

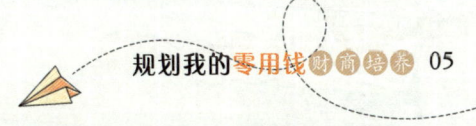

女生成长 小红书

车西瓜,又大又圆,十分抢眼。

爸爸指着西瓜说:"西瓜不错,买一个回去吧。"

妈妈皱着眉头说:"刚才还说秤短呢,我看啊,这西瓜摊上的秤,短得更厉害呢。"

"没办法啊,小贩也要赚钱!"爸爸说着就拉吉吉去挑西瓜了。

爸爸挑了半天,终于挑中一个,递给小贩说:"师傅,就这个吧,称一下。"

"十二斤半,正好二十五元!"小贩喊道。

爸爸把西瓜接过去,在手上掂了掂,说:"这哪里有十二斤半?顶多十斤嘛,你的秤一定有问题。"

小贩立刻板起了脸,说:"秤上绝不骗你,不

信,你拿到别家称称。"

爸爸说:"别家?恐怕这满市场的秤都一样呢!"

"大哥,你怎么不相信人呢?"小贩说,"要不你去找公平秤称称,我先给这位奶奶称。"

吉吉这才注意到,在他们身后站着一位驼背的老奶奶,她应该等好久了吧。

"奶奶,您要个多大的?"小贩问道。

"挑个小的吧!"老奶奶的声音很微弱。

"好。这个吧,我给您称称。六斤三两,给您算六斤吧,奶奶,您给十二元就行了。"小贩说着就开始找袋子装起来。

老奶奶展开右手,露出一张湿漉漉的五十元钱

女生成长 小红书

来,看来她已经捏了很久啦。

小贩接过钱,双手一搓,突然皱起眉头说,"奶奶,能换一张吗?您这张可能是假钱呢!"

"什么?假钱?"老奶奶一听,急得都快哭了,"我刚从废品收购站换的,他们怎么能给我假钱呢?糊弄我老太太。"

小贩给老奶奶壮胆说:"真缺德,您找他们去!"

老奶奶气呼呼地说:"谢谢你,小伙子,我这就去找他们!"

"奶奶,您的西瓜。"看老奶奶转身要走,小贩把手里的西瓜递到她手里,说,"这个就送给您吃吧!"老奶奶连连说着"谢谢",然后提着西瓜走了。

回到家,吉吉问爸爸:"你们不是说赚钱很辛苦吗？那个卖西瓜的哥哥在大太阳下卖西瓜，也不容易啊，为什么还要送给老奶奶西瓜呢？"爸爸和妈妈面面相觑，不知道说什么好。

吉吉接着说："我看那个卖西瓜的哥哥就很开

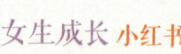

心呢,开心一点赚钱,不是更好吗?"

爸爸点点头,说:"吉吉说得对,爸爸和妈妈以后一定少一点抱怨,开心赚钱!"

听爸爸这么说,吉吉开心极了,谁说钱不能快快乐乐地赚呢?钱不但能买来好东西,还能帮助人呢!对于金钱,吉吉已经有了更多的了解。

女生的理财目标

"钱是什么?钱有什么用?"

刷刷姐姐问过身边很多五、六年级的女生,她们的回答五花八门:有的说钱是特别有用的东西,很重要;有的说钱可以买很大的房子;有的说有钱可以出国上学;有的说把钱存进银行可以赚很多利息;还有的说钱可以买来自己想要的东西,如吃的、玩的……

零花钱用来买什么?文具、书和零食名列前三。为什么要买这些东西呢?大多数女生的回答是"自己喜欢",只有少数人才说"对自己有用"。

如今,随着生活越来越富裕,女生们都有了自己的

"小金库",对零花钱有了独立的支配权。但是,很多女生并不能正确使用金钱,她们在生活中互相攀比、讲吃讲穿、花钱大手大脚。

有的女生每个月会花掉上千元的零花钱,甚至比她们的父母花得还多。这些钱都去哪里了呢?看看她们买的东西吧,无非是零食、玩具、学习用品、礼物等,其中最大的一项开支是礼物——班上有同学过生日了,或者到了特殊的节日,好朋友之间会互相赠送礼物。

当然,刷刷姐姐可绝对没有克扣大家零花钱的意思,而是要告诉大家,必须形成一个正确的金钱观,确立自己的理财目标,然后一点一点地积累对金钱的认识,养成好的理财习惯。

不同阶段,女生应该有不同的理财目标。

三年级以前:这个阶段最主要的任务是认识钱,知道钱的作用,学

会钱币单位之间的换算，了解自己家庭的开支情况并制订一周的开销计划，购物时知道比较价格。

三年级：需要知道钱如何正确花费、银行是干什么的等基本的金钱知识。父母给的零花钱，要学会制订两周以上合理的开销计划，并认真执行。

四、五年级：这是对理财有更清楚认识的阶段，大家应该学习关于理财的更多知识。

六年级（含六年级）以上：适当参加理财课程，形成最基本的理财观念，基本形成理财习惯，能够独立支配自己的零花钱。最重要的是，明白"君子爱财，取之有道"的道理，懂得合理、合法地赚钱。

女生小攻略

女生不同年龄段的理财能力

在不同的年龄段,女生该具备哪些理财能力呢?

0~3岁:

能够辨认硬币和纸币。

4岁:

知道钱的面值。

5岁:

知道钱是怎么来的,认识到无法把商品买尽,学会选择和放弃。

6岁：

能够数出数目不多的钱，而且能够数出一定数量的硬币。

7岁：

能看价格标签，初步培养"钱可易物"的概念。

8岁：

知道可以通过劳动赚钱，知道可以把钱存进储蓄账户里。

9 岁：

能够制订简单的一周开销计划，购物时会货比三家，选择物美价廉的商品。

10 岁：

懂得每周节约一点钱，积少成多，以备大笔开销时使用。

11~12 岁：

能制订、执行两周以上的开销计划，懂得办理银行业务的常用词语。

13岁（含13岁）以后：

可以尝试学习一些基本的债券知识，尝试参与一些理财的实践活动，有可独立支配的零用钱。

2 零用钱怎么花

良好的消费观念,需要在平时的生活中一点点积累,慢慢地,你就能学会怎样合理消费,懂得如何更加有效地来分配自己的零用钱。

女生成长 小红书

✦ ✦ ✦ ✦ ✦ ✦ ✦ ✦ ✦ ✦ ✦ ✦ ✦ ✦ ✦ ✦ ✦ ✦

"小荃,明天妈妈开会,不能陪你去参加班级活动啦,真的很抱歉!"晚上一回家,小荃就听妈妈说道。

"哦。"小荃心里凉凉的,班里组织集体春游,妈妈早就答应要陪小荃一起去呢,到跟前又变卦啦。

"你和同学一起好好玩吧,中午就在附近的小摊吃点东西。妈妈给你一百元钱,够吗?"妈妈问道。

"够啦。"小荃拿着钱,回自己房间去了。

虽说是春游,但是天气已经很热了,等同学们坐车

来到目的地的时候，大家已经能感觉到一阵阵的热浪了。同学们纷纷去小超市买来各种各样的饮料和冰激凌。对一些同学来说，春游最大的意义可不是感受大自然，而是可以买好多好吃、好喝的东西。

小荃有些口渴了，她捏了捏裤兜里的那一百元钱，想买瓶矿泉水，走到小超市门口，看到里面叽叽喳喳买东西的同学，她心里开始打退堂鼓：这么多人，还是算了吧，忍一忍。

到了中午，同来的爸爸妈妈们带着自家的孩子

女生成长 小红书

去吃饭了,小荃一个人徘徊了半天,就是不知道该去哪儿吃午饭。事实上,不论是去哪家,一到门口,小荃就紧张起来,根本不敢进去。

肚子都饿得咕咕叫呢,小荃想,不如就吃个凉皮好了,毕竟凉皮摊前没什么人。

小荃硬着头皮来到凉皮摊前,反复捏着口袋里的钱,就是不知道怎么对老板开口。

"小荃,是不是没带钱啊?和老师一起去吃吧!"

就在这时,班主任余老师出现在小荃身旁,她拉着小荃的手进了旁边的一家小食店。

就这样,春游回来后,小荃的那一百元还在自己口袋里呢!

"今天中午在哪儿吃的饭啊?"妈妈问道。

"小食店。哦,对了,妈妈,给您钱!"小荃说着就把在口袋里装了一天的一百元钱还给了妈妈。

妈妈吃惊地说:"你没有用啊,怎么吃的饭?"

"嗯,余老师带我吃的。"小荃说。

"那你连一瓶水都没买?"妈妈问。

"没有,我不渴。"小荃说完,就回房间写今天的游记去了。

客厅里只剩下妈妈一个人在发呆。

小荃为什么不愿意花钱呢?

妈妈仔细一想就知道原因了,那是因为以前的一件事。

还是在小荃上一年级的时候,小荃的爸爸和妈妈离婚了,爸爸去了另外的城市,妈妈一个人带着

小荃。为了让小荃以后有出息,妈妈对她格外严格。

一天放学后,小荃看见一个同学在校门口买了一个大大的冰激凌,吃得可香啦。小荃馋得口水流了一路。

回到家,妈妈正在做饭,让小荃拿着桌上的十元钱去买一袋酱油。

小荃拿上妈妈放在桌上的那张十元钱,对妈妈喊道:"妈妈,我马上就回来。"

妈妈说:"快点回来吃饭啊!"

小荃一溜烟地跑下楼,在小区门口的便利店买了一袋酱油,看钱还有剩,就买了一个冰激凌,想到妈妈从来都不许自己吃冰激凌,说对牙齿和胃不好,就决定悄悄吃完再回家。

吃完冰激凌,小荃回了家。

一进门,妈妈问她要买酱油找零的钱。

小荃摇摇头,说:"没……没找钱。"

妈妈一把将小荃拉了过来,指着她衣服上沾的冰激凌,呵斥道:"这是什么,是不是偷偷去买冰激凌了?"

被妈妈发现了证据,小荃只好点点头承认自己把找零的钱花了。

妈妈愤怒极了,狠狠地批评了小荃。

从那以后,小荃再也不敢随意花钱了,即使是妈妈给的零花钱,她也会原封不动地还给妈妈。

看来,一定是那次的事给小荃留下了心理阴影。慢慢地,小荃变得不敢花钱了。

后来妈妈专门咨询了心理医生,医生教给妈妈一个好办法。

一天晚上,妈妈推开小荃房间的门,对小荃说:"你现在已经是大孩子了,妈妈交给你一项重要的任务,以后,咱们家的零散开销都由你来负责。"

"什么,让我负责买东西吗?"小荃吃惊地说。

"没错。日常买东西的事,以后你说了算,只要不超出计划,都由你来安排。"

小荃茫然地摇摇头,说:"妈,您知道我不会花钱,还是您负责吧。"

妈妈微笑着说:"没关系的,我先陪着你去,等熟悉了,你就可以一个人去了。"

听到有妈妈陪着,小荃才勉强地点点头。

第二天,妈妈陪着小荃去了超市,妈妈推着推车跟在后面,任凭小荃把喜欢的东西放进去。

这次购物小荃感到非常愉快,回家后,妈妈告诉小荃哪些东西是比较实用的,哪些东西可以选更好的。小荃学到了不少购物知识。

接下来，妈妈又陪着小荃去了菜市场，一样一样地买东西，当然，还是由小荃负责，妈妈当起了"搬运工"。

经过一个多月的锻炼，小荃终于可以独自去买东西啦，而每周给她的一百元零用钱，除了要存起来的三十元，剩下的也基本能按计划花完。

看到自己的宝贝合理地会花钱了，妈妈非常高兴。

零花钱要"问"出处、去处

对很多女生来说,理财这个词听起来好陌生,也好深奥,感觉这是大人们干的事情,离自己的日常生活很遥远。

其实,我们每天都在参与理财,只是自己没有意识到罢了。

对于女生来说,要学会理财需要搞清楚两个问题:钱从哪儿来?钱花到哪儿去?

我们先来说说"钱从哪儿来"吧。很多女生都会脱口而出:爸爸妈妈给的呀!事实上,对"钱从哪儿来"的认识,影响着我们花钱的习惯。

如果我们的零花钱都是爸爸妈妈给的,那我们一定会

觉得钱来得很容易,也就很难认识到钱的真正价值。喜欢什么就买什么,最后越花越多,让爸爸妈妈为此头疼起来。

如果钱是自己挣来的,我们肯定会十分珍惜,不是非买不可的东西,我们一般是不会买的。

有的女生会问:我们还是学生,怎么挣钱啊?

其实,赚钱的方式是很多的,比如把家里的废旧物品收集起来卖钱就是很好的方式。知道每一分钱都来之不易,我们才会懂得珍惜。

再说说第二个问题,钱应该花到哪里去呢?很简单,把钱用在合适的地方。花钱之前,一定要思考要买的东西值不值,是不是必须要买,不能一冲动就把钱花出去。只有经过冷静思考,我们的钱才能花在合适的地方。

那我们就来看看,到底零花钱怎么用才是对的。

良好的消费观念,需要在平时的生活中一点点培养,慢慢地,我们就能学会怎样消费,就能更加有效地使用自己的金钱了。下面是刷刷姐姐给大家的一些小忠告。

1. 分清楚"需要"和"想要"

"需要"和"想要"意义完全不一样。看到好吃的或者好玩的,女生一般会有购买的冲动,这种冲动其实就是"想要"。但是,"想要"的东西不一定是"需要"的,很多东西买回来之后,才发现都是自己不"需要"的。只有分清楚"需要"和"想要",才能做到理性消费,远离浪费。

2. 要克服冲动购买

合理消费的大敌——冲动消费,克服它对女生养成好的消费习惯非常重要。尤其是青春期的女生,抵制诱惑的能力比较弱,很容易被一些商业宣传广告俘获。另外,女生之间的攀比也会成为冲动消费的诱因。

从现在起,请理智消费、合理消费吧,努力管理好自己的钱,克服冲动购物。

3. 要学会基本的消费技巧

学习一些最基本的消费技巧，对合理消费很有帮助呢。比如学会使用优惠券，学会货比三家等。这些技巧能够让女生用较少的钱买到较实惠的东西，不仅可以节省开支，还可以学会理性购物。

4. 不要让虚荣心影响消费

决定买一样东西之前，先冷静想一想，不让虚荣心左右自己。只有控制住自己的虚荣心，理智消费，钱才能花对地方。

5. 遵守量力消费的原则

每个家庭有不同的消费能力。每个女生也必须了解自己家的收支情况以及家庭的经济账，这样，在花钱的过程中，就会努力做到量力而行。

最后，刷刷姐姐要告诉各位女生，良好的消费习惯其实也是一笔宝贵的财富。

女生小攻略

零花钱从哪儿来

挣零花钱有什么办法呢？试试这些，可能会帮到你哦！

1. 出售闲置物品

你肯定见过多种多样的销售活动吧，把你用不着的玩具、闲置的书籍等物品摆出来出售，是获得零花钱的有效方式。学校里的跳蚤市场、小区里的邻里交流日、网站上的二手闲置平台都是不错的交易平

台。参加这样的活动不但能把闲置的物品换成零花钱,还能以很便宜的价钱买到自己心仪的东西呢。

2. 力所能及地付出劳动

虽然你还未成年,但这丝毫不影响你的挣钱能力,只要付出劳动,挣钱的途径很多。比如你可以将平时用完的作业本、喝完的矿泉水瓶子等一点点积攒起

来，当废品卖掉。如果你胆子够大的话，可以七夕节去卖花，当然，这要基于父母允许的情况下。

3. 适当的有偿家务

为父母分担家务是理所当然的，有偿不能成为必然。但在跟父母商量并达成协议之后，适当的有偿家务能培养我们的劳动积极性和理财意识。

4. 建立储蓄账户

如果你还没有储蓄账户，告诉你的爸爸妈妈，从现在开始，为你开一个储蓄账户吧。大多数银行都为十六岁以下的孩子开设了特别账户。把你的零花钱或压岁钱存进去，不久以后，你会惊喜地发现钱变多了。这是基本的储蓄理财意识。

5. 节俭

会赚钱的人都知道对金钱要珍惜,不可以浪费。女生要从小养成节俭的习惯,不攀比,不铺张浪费,不盲目消费。要知道,节约一分钱,就等于赚了一分钱。

超级储蓄计划

对于女生们来说,储蓄不仅仅是一种习惯,还可以帮助女生塑造良好的价值观。

女生成长 小红书

"妈妈,我们去吃比萨吧!"

路过快餐店的时候,朵拉肚子里的馋虫都爬了出来,口腔里的唾液也顿时涌了上来,她赶忙拉住妈妈说。

妈妈的眉头一皱,说:"今天买了这么多东西,钱早花完了,改天我们和爸爸一起去吧。"

朵拉好失望啊,垂头丧气地跟妈妈走了几步。突然,朵拉兴奋地拉住妈妈说:"妈妈,用我的压

岁钱吧，我请您！"

妈妈一下子反应过来，从钱包中拿出朵拉的银行卡，说："好啊，这可是你说的哦！"

原来，从朵拉上小学开始，妈妈就为她办了一张银行卡，把每年的压岁钱都存进去，卡由妈妈保管。转眼间，已经过去好几年了，朵拉的卡里存了一些钱，不过，卡上的钱可从没用过呢！

用自己的钱买东西吃感觉真爽啊，朵拉想点什么就点什么，不用看妈妈的脸色了。

朵拉尝到了花自己钱的甜头。

她看上的衣服妈妈不肯买，她就让妈妈拿出自己的银行卡来刷；要为好朋友送生日礼物，妈妈劝她别太奢侈，她还是固执地拿这张卡来刷；假期要

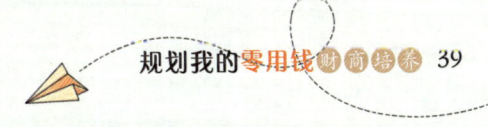

去大姨家玩,妈妈订了火车票,她却嚷着要坐飞机,最后还是拿这张卡来支付……

终于,不到三个月的时间,朵拉卡里的钱就花得所剩无几了。

这天,朵拉看上一双轮滑鞋,妈妈说家里有一双呢,就不要浪费了。可朵拉不听,说家里的那双颜色不好看,而且有点夹脚呢。

朵拉不听劝,又提出要刷自己的卡。

"你的卡里已经没钱了!"妈妈提醒说。

"什么,这么快就没了?我也没买多少东西啊,怎么就没了呢?"朵拉惊讶地问。

"像你这样花钱,再多的钱也能被你花光。"

"不可能,我记得有好几千呢,怎么一下子就没有了,难道是您偷偷转走啦?"朵拉开始怀疑妈妈了。

两个人互不相让,最后,为一张银行卡召开了家庭会议。

聪明的妈妈拿出了铁证——银行账单。朵拉一看就傻了眼：这钱也太不经花了！

爸爸告诉朵拉，必须改变消费习惯，制订一个科学的储蓄计划。

被冤枉的妈妈还提议说："干脆像小时候一样，买一个大些的储蓄罐，你自己把钱放进去，可别再赖我挪用啦！"

就这样，朵拉的书桌上多了一个大大的卡通小猪储蓄罐。

一看到那个憨憨的小猪，朵拉就想往里面塞钱，她把节省下来的零花钱全塞进了小猪的肚子里。

一个月后，朵拉打开储蓄罐清点，竟然存了一百元呢，朵拉好兴奋啊。

爸爸最喜欢锦上添花了，为了奖励朵拉，他往储蓄罐里塞进二十元。

女生成长 小红书

妈妈一看，说："这个办法好，干脆这样吧，你每月清点一次储蓄罐，只要里面的钱增加了一百元，我们就奖励你二十元。"

爸爸也点头表示同意，朵拉太高兴了，因为她的储蓄计划升级到了2.0版本。

开始储蓄计划还没多久，朵拉就有了一个梦想：春节后去云南旅游。

妈妈一听，吃惊地说："去云南旅游一个人至少需要三千元啊，就算把你的压岁钱都算进去，也是不够的呀！"

听妈妈这么说，朵拉一下子就提不起精神了。

妈妈盯着储蓄罐发呆，忽然，她想到一个好主意。

"朵拉，你过来，妈妈和你商量一件事。我想到了一个好办法。"妈妈兴奋地喊道。

"什么事啊？"朵拉好奇地问。

"如果升级一下你的储蓄计划,咱们就有可能去云南旅游啦。"妈妈神秘地说。

一听自己的梦想有戏了,朵拉急忙高兴地问:"真的?太好啦!快告诉我,怎么升级呀?"

锦上添花
激动
指日可待

女生成长 小红书

妈妈微笑着说:"很简单,还记得你上幼儿园时老师给你戴的小红花吗?咱们就用积累小红花的方式来实现梦想。"

"积累小红花?怎么积累啊?"朵拉一头雾水,完全猜不透妈妈的意思。

妈妈说:"你听我慢慢给你讲。你不是有一个储蓄罐嘛,我们给你做一个'储梦罐',然后再准备一些小红花,把你得到的小红花存起来,积累十朵小红花,就可以实现一个初级梦想;积累五十朵小红花,就能实现一个中级梦想;积累一百朵小红花,就可以实现一个高级梦想!"

"妈妈的主意真妙,这个办法太有趣了。"朵拉

拍着手说,"可是什么是初级梦想、中级梦想和高级梦想啊?"

"简单啊,比如'看一个小时的电视''吃一次好吃的''买一件新衣服'等都是初级梦想;'到郊区去玩'是中级梦想;而像'去云南旅游''到海边吹风'就是高级梦想啦。你只要把你的梦想写下来,爸爸妈妈就会给你分好级的。"妈妈解释说。

"嗯嗯,我明白了。"朵拉说,"可是,要怎么样才能得到小红花呢?"

妈妈想了想说:"是这样的,除了你自己应该做的事,比如讲究个人卫生、完成作业等,你所做的好事,都可以得到小红花。比如帮妈妈做家务、

女生成长 小红书

自己整理书桌等。我和爸爸看你的表现给你奖励小红花。不过，这些小红花必须经过爸爸妈妈签名，你自己放进去的可不算哦！"

"我明白了，我一定会努力积累小红花的，我要早日实现梦想。"朵拉激动地喊。

就这样，朵拉的储蓄计划升级到了3.0版本，成为一个超级储蓄计划。它不但能储蓄金钱，还能

储蓄梦想呢。

有了目标，朵拉的储蓄计划进展得很顺利，看来，春节后的这次云南旅行已经指日可待啦！

储蓄不仅仅是存钱

对于女生来说,储蓄不仅仅是存钱,还可以帮助女生塑造良好的价值观。

储蓄观念的形成,可以在一定程度上改变人生。通过储蓄,女生能学会规划生活。比如,你心仪的一件礼物要二百元,而你每周的零花钱只有二十元,为了买下喜欢的礼物,你需要对自己的零花钱做

出合理的储蓄规划。每周节省十元零花钱储存起来,这样,二十周以后,你就可以得到自己心仪的礼物啦。一旦养成储蓄的习惯,懂得为每一件事做规划,生活就会变得有条不紊。

有储蓄习惯的人大多思维缜密,做事不会轻率,有始有终,值得信赖。

除此以外,储蓄还有很多好处,当你看到储蓄罐里存有数目不少的钱时,你一定会觉得惊喜。当你用自己攒的钱买到想要的东西时,你会更珍惜它们,并懂得积少成多的道理。这些都是储蓄带来的好处。那么,到底如何开始储蓄计划呢?

1. 拥有一个银行账户

女生的储蓄计划,就先从拥有第一个银行账户开始吧。

当然,作为未成年人,女生不具备单独到银行办理个人业务的能力,需要爸爸妈妈作为监护人,协助开立银行账户。

2. 决定应该存多少钱

有了银行账户,你就需要往里面存钱了。可是,到底

存多少钱合适呢？是把自己所有的钱都存进去吗？

如果全都存进去，那样就意味着自己没有任何可以支配的钱了，很多女生是不愿意的。那么，可以根据自己平常的花销，计算出每月可以节省多少钱，将这些节省下来的钱存起来。

每隔一段时间，可以查看一下账户里有多少钱，本金和利息是多少。

3. 给自己准备一个存款簿

拥有自己的一本存款簿，并知道上面数字的意义，你会为看到日渐增加的存款而感到愉快，并意识到养成良好的储蓄习惯的重要性。如果存款簿上显示存款很少，而又有想买的东西时，你自然会加快储蓄节奏。

4. 学习有关银行业务方面的知识

当父母到银行办事时，你可以一起去，了解办理银行业务的流程、ATM机的功能等。

从那些乏味的数字背后，领会到储蓄的魅力。

5. 通过储蓄学会理性消费

当你想买一台平板电脑或一辆自行车时，先计算一下账户中的钱。有了明确的目标，你的储蓄速度就会加快，同时，一些不必要的东西，也会自觉放弃购买。

女生小攻略

提高女生理财能力的妙招

下面的妙招可以提高女生的理财能力哦!

1. 体验积少成多的乐趣

当你想买一件心仪已久的物品时,父母常常会说,把零花钱储存起来买。学会积攒零花钱,体验积少成多的乐趣,你就能体会到理财的魅力。

2. 改变支出习惯

可以尝试当家,了解家庭资金是如何运转的,钱都花去了哪些地方。庞杂的家庭开销,会让你在支出前主动进行思考,分清哪些是必要开支,避免浪费。

3. 培养正确的消费观

用自己的钱买想要的东西时,你会很慎重地货比三家,改掉冲动购物的坏习惯。为自己

准备一个记账本,记下每笔开销。每隔一段时间统计一下,发现如果有的钱花得不合理,及时做出调整。

4. 积累理财的经验

学习一些理财技巧,如零存整取等。到一定年龄,

你还可以接触一些投资类的模拟游戏或适当地直接投资，获取投资的经验。

4 节俭的"抠门"女生

对于青春期的你来说,"吝啬"一点,"抠门"一点并没有错,今天的挥金如土,虽然可以让你任性一时,但是,当你长大以后,一定会尝到"大方"的苦果。

课间休息的时候,美嘉拿着一本科普故事书看得津津有味。同桌阿馨看她不时地笑出声来,就凑上去看了看。书上有很多精美的插图,阿馨看得很眼馋。

"这书挺不错的啊!"阿馨说道。

"嗯,一套六本,我可喜欢啦,是我用自己赚的钱买来的。"美嘉骄傲地说。

"自己赚的钱?你怎么赚的?教教我啊,我也想买一套呢!"阿馨兴奋地说。

"哈哈,其实挺简单的,我就是帮

我妈处理了一些废品而已哦。"美嘉说。

"什么,处理废品也能挣钱呀?"阿馨瞪大眼睛问。

"这有啥好奇怪的,我不过是帮我妈把垃圾分一下类,电池收到一起,废金属存在一个箱子里,旧报纸和旧书什么的收到一起,这样,等积攒多了,我就把它们送到废品站换成钱。嗯,上次我总共卖

了将近一百元呢,就买回了这套书啦。"美嘉一本正经地说。

其实,美嘉的"绝招"可多着呢,后来发生的一件事,让阿馨对美嘉彻底刮目相看啦。

一天下午的英语课上,夏老师说想搞一个英语话剧表演,让每个学习小组准备出一个节目。

阿馨和美嘉在同一个组,经过讨论,大家决定表演莎士比亚的名剧《罗密欧与朱丽叶》。

英语口语不错的阿馨很幸运地分到了朱丽叶的角色,而擅长精打细算的美嘉也有很重要的任务,她负责为大家准备服装等表演道具。

精打细算
胸有成竹
异口同声

阿馨练习得很努力。正式表演的日子马上就要到了,别的组都开始穿着表演服装彩排了,美嘉却一点也不着急。

休息的时候,阿馨赶紧问美嘉:"美嘉,我们的服装到了吗?我问了别的组,他们的服装都是从外面租的,而且租金很贵。这样吧,我们大家凑点钱,去租衣服吧。"

话剧表演的服装非常重要,要是没有好的服装,就算口语说得再好,整体效果也会打折扣。所以,对服装的事,阿馨非常着急。

"别着急嘛。"美嘉说,"你尽管练习台词就好了,我自有办法,不用大家出一分钱。"

"好吧。"看美嘉胸有成竹的样子,阿馨也就不再追问了。

彩排的时候,美嘉扛着一个大包过来了。她把

女生成长 小红书

大包往地上一扔,擦了擦额头上的汗水,向大家喊道:"服装来了,你们快来试试啊!"

阿馨他们赶紧围了上来。

打开大包,大家都在翻找自己的衣服,其中,最显眼的是一件金色的晚礼服,裙摆上点缀着白色的蕾丝边,非常好看。

"哇,这一定是我的吧,真是太漂亮了。"阿馨惊喜地说。

"赶紧穿上试试吧,看合不合身。"美嘉微笑着说。

阿馨穿好衣服,拉起裙摆转了两圈,满脸都是陶醉的笑容,她拉着美嘉说:"美嘉,我太佩服你了。你从哪儿找到的服装啊?太合身了,以前我穿的不是太大就是太小,你找来的衣服简直就像是给我定做的。"

"没错啊,这就是为你定做的呢。"美嘉微笑着说。

"什么,真的是定做的呀?"阿馨张大了嘴说,"定做可是很贵的呢。我打听过了,租的服装每件每天要几十元呢,要是定做的话,起码要几百元,你哪来那么多钱啊?"

"哈哈,你看我是会花那么多钱定做服装的人吗?"美嘉笑着说,"服装是定做的,不过,设计和

裁剪都是我一个人完成的。这件晚礼服原本是我妈妈结婚时穿过的裙子,现在早就穿不上了,被我拿来改成礼服了,蕾丝边是从我小时候穿过的一件旧衬衣上拆下来的……"

美嘉滔滔不绝地讲着改做服装的事,阿馨他们都听呆了。

"美嘉,你太了不起了,真没想到,这些都是你用旧衣服改做出来的呢。"阿馨说道。

"嘿嘿,你们先别高兴,为了改做衣服,我花了不少时间呢。你们可要请我吃好吃的哦!"

"没问题!"阿馨他们异口同声地说。

话剧表演中,阿馨那组一上台就引起了轰动,女主角金色的晚礼服和男主角红色的绅士套装惊艳了全场。他们表演的话剧《罗密欧与朱丽叶》不但获得表演一等奖,还获得了最佳服装奖。

在领奖的时候,美嘉和大家分享了自己改做衣服的事，还跟大家分享了一个秘密。

美嘉告诉大家，在她家里，有很多用旧物品改制的小东西，不仅非常漂亮，而且很实用，请大家有空去参观。

后来，老师受美嘉的启发，让美嘉把旧物改造的金点子总结一下，做了一期专题黑板报，让大家一起学习。

做个节俭的女生

虽然很多女生都已经制订了自己的理财计划,有了自己的第一张银行卡,但这并不代表她们都懂得节俭。

如何做个节俭的女生呢?

1. 制订一个合理的支出计划

很多女生看到喜欢的东西,只要手里有钱,就会毫不犹豫地买下来,从来没有考虑过这些东西是不是在自己的支出计划之中。

年初的时候,一定要为自己制订一个支出计划,比如,今年计划买多少本书、多少件玩具……不在计划里的东西,如果不是非买不可的,就果断舍弃。

2. 出手之前缓一缓

如果你非常喜欢某个东西,千万不要立即去买,先让自己缓一缓,多观察一下。比如,你可以货比三家,看看哪家的价格最实惠。另外,留意商家的促销信息,同样的东西,在商家搞活动的时候买,一般能便宜不少。

3. 把握"积少成多"的原则

不要看不起小钱,要知道,一个废纸箱可以卖五毛钱,一个饮料瓶可以卖一毛钱,"积少成多"是理财的基本原则之一。

4.废旧物品再利用

不喜欢或者不合身的衣服,不要马上扔掉,可以给妹妹穿,或捐给需要的人。旧的洋娃娃、头饰、旱冰鞋、图书等,不要统统当成垃圾,试着用一个废旧物品箱存起来,说不定哪天它们会派上大用场呢。

女生小攻略

女生的节俭小妙招

到底怎样才能做到节俭呢?这里有一些小妙招,找个本子记下来,学着用一下吧。

1. 自制笔记本

把作业本后面剩下没写完的几页撕下来,积攒多了,可以自己动手做成小本子。

用过的作业本,空白处或反面用来打草稿,非常好用!

如果本子的两面都用完了,还可以收集起来,积攒到一定数量之后再拿去当废纸卖掉。

2. 小笔头省出大资金

铅笔和蜡笔用得只剩很短一截了,插一个笔帽延长,还是可以继续用一阵子的。买铅笔时可以买能换笔芯的,平时爱护好自己的笔,用完时换笔芯,不用每次都买新笔。

3. 建学习用品回收站

可以建一个学习用品回收站。用旧和用坏的文具先收起来,积攒多了,说不定能组合出新的文具;一些不用的参考书和看过的课外读物,可以租给低年级的小朋友用。这样不但给自己增加了收入,还会帮低年级的小朋友节省下买书的钱呢。

信用卡的秘密

信用卡的使用是一把双刃剑,若是盲目消费而养成欠债消费的习惯,不仅于理财没有半点好处,还会使你在未来陷入财务困境。

女生成长 小红书

"阿丽,给你看样东西啊!"早晨一见面,芊芊就非常兴奋地拉着阿丽说。

"什么东西呀,这么激动?"阿丽问道。

"你瞧!"芊芊说着从口袋里拿出一张卡片,上面还印着一串凸起的金色数字。

"嗨，我以为是什么呢，不就是张储蓄卡嘛，我也有，不过没你这张漂亮罢了。"阿丽失望地说。

"储蓄卡？"芊芊瞪大眼睛说，"你仔细瞧瞧，这可不是储蓄卡，这是信用卡。"

"信用卡是什么啊？我看和储蓄卡没什么区别呀？"阿丽疑惑地问。

"你可别小瞧这张卡，你想买什么东西，只要刷它就行啦。"芊芊得意地说。

"那也没什么呀，储蓄卡也可以刷卡消费哦！"阿丽不以为意。

见阿丽半天不明白，芊芊的兴奋劲都没有了，她着急地说："你怎么就不明白呢？信用卡的神奇之处是，你不用往里面存钱，就可以直接刷卡买

东西!"

"啊!"阿丽瞪大了眼睛说,"哪有这样好的事,那不是天上掉馅饼吗?对了,我昨天看上一

双舞蹈鞋,很棒的,可惜没钱买,你帮我刷卡买了吧!"

听阿丽要刷自己的卡,芊芊紧张起来,说:"信用卡是可以刷卡消费,可是爸爸说了,我手上的这张是用他的名字办的副卡,刷卡消费以后,必须在一个月内想办法把钱还上。不然,银行会收利息的!"

"哦,我还以为真的可以随便刷呢,原来是要还的呀!"阿丽失望地走开了。

阿丽走后,芊芊的心里好失落啊,本来想炫耀一下自己的信用卡,结果,阿丽对这张卡完全不感兴趣。

"好吧,我一定会让你看到信用卡的好处的。"芊芊在心里说。

这个周六正好阿丽过生日,晚上她叫上几个要好的朋友一起去吃火锅,芊芊当然也被邀请了。

几个朋友可高兴了,阿丽大方地说:"你们随便点,没关系的,一定要吃好。"

大家一边吃一边聊,气氛非常热烈。可是,等到结账的时候,阿丽一看服务员拿来的单子,傻眼了——竟然花了五百元。

"啊!怎么会这么多呀?我爸爸只给了我二百元钱啊,这可怎么办呢?"阿丽既着急又尴尬。

几个朋友纷纷摸口袋,但拿出来的都是些零钱。

这时,芊芊突然笑着说:"没关系,瞧我的。"

说着,芊芊就拿出了信用卡,对服务员说:"刷

女生成长 小红书

卡吧！"

大家既惊奇又羡慕地看着芊芊，有个朋友还问："你怎么会随身拿着储蓄卡呢？我的卡可都是妈妈保管呢，从来不会让我单独使用的。"

芊芊得意地说："这可不是什么储蓄卡，是信用卡。卡里没有钱也可以刷的哦！"

阿丽这下终于见识到信用卡的神奇了。要不是芊芊，今天就惨了。她忙对大家说："没错，我见过这张卡，没想到这么有用呢！"

芊芊说："我早就说过，它可比储蓄卡牛多了，你就是不信，像我们今天的这种行为叫'透支'。我这张卡最多可以透支五万元呢！"

大家瞪大了眼睛。阿丽问道："这么多啊，可是你刚说的'透支'是什么意思呢？"

"嘿嘿，就是先花银行的钱，然后再还上。"芊芊说。

"太好啦,那我也要去办一张,以后要是再遇到这样的事,就不会尴尬啦。"阿丽激动地说。

"那可不行。"芊芊摇摇头说,"信用卡可不是谁都能办的,必须是有稳定收入的大人,小孩是不能办信用卡的。我用的这张,是我爸的副卡。也就是说,我爸手里还有一张呢,我用了多少钱,他都知道。"

芊芊滔滔不绝,就像个大人一样专业,朋友们都傻傻地望着她,关于信用卡的知识,他们都是头一次听说呢。

女生成长 小红书

羡慕 透支 滔滔不绝

自从有了信用卡,芊芊自信了很多,在同学们面前总是高昂着头。

有一天,芊芊拉着阿丽去买文具,从商场出来后,路过一家品牌专卖店,橱窗里,模特身上背着一个红色的背包,芊芊一下子就被吸引住了。

"阿丽,你瞧,这个包怎么样?"芊芊说道。

"哦,真的挺好看呢!"

"我们进去看看吧。"芊芊说着就拉着阿丽进了店。

亲手摸了一下背包后,芊芊更喜欢了,背包的面料真好。

导购姐姐介绍说:"这个包不但结实,还很轻,透气性

也好，夏天不会捂出汗的，而且，是防水的，不用担心包里的东西被雨淋湿。"

芊芊原先的书包，夏天一背上后背很快就湿透了，一听说透气性好，芊芊更动心了。

"姐姐，这包要多少钱啊？"芊芊已经决定买下了。导购姐姐看了下价格，说："打完折一千三百元。"

"什么，这么贵啊？"一旁的阿丽吐吐舌头，"我看还是算了吧！"

导购姐姐说："这个包的价格确实不便宜。两位小妹妹还是回家和爸爸妈妈商量一下，要是真的喜欢，让爸爸妈妈带你们来买吧。"

芊芊一听，立刻就不高兴了，说："你是说我们买不起喽，别看不起小孩子。给，刷卡吧，这个包我要了！"

说着，芊芊就把信用卡递了过去。

导购姐姐吃了一惊,还是去刷卡了。

拿到背包后,芊芊拉着阿丽高昂着头走出了专卖店。

"芊芊,你刚才是不是太冲动啦?这个包太贵了吧?"阿丽担心地问。

"其实我也有点后悔,可是刚才听她那么一说,我就生气了,就控制不住自己啦。"芊芊说。

第二天,当再见到芊芊的时候,阿丽发现芊芊的头耷拉着。

"怎么啦?心情这么低落,是不是你爸爸骂你了?"阿丽问道。

"何止是骂啊?爸爸把信用卡收回去了!"芊芊说。

"没那么严重吧?把卡都收回去啦?"阿丽同情地说。

"爸爸说过了,信用卡交给我就是考验我的信用的。如果不能及时还钱，或者不按规定限额消费，信用卡就会被没收。"芊芊说。

"啊，你上次不是说可以透支五万元吗？"阿丽惊奇地问。

芊芊无奈地摇摇头，说："没错，五万元是卡的限额，可是我爸爸为我定了限额，只有五百元呢！"

听芊芊这么一说，阿丽心想：看来这信用卡还真的和信用有关系呢！

信用卡没有魔力

信用卡起源于欧美。最早发行信用卡的机构并不是银行,而是一些百货公司、汽油公司。这些公司为了吸引顾客,推出"签账卡",顾客可以拿着卡片先消费,后付款,但仅限于自家商户使用。这就是信用卡的雏形。

据说,有一天,美国商人弗兰克·麦克纳马拉在纽约一家饭店招待客人吃饭。吃完饭后,他发现钱包忘带了,在客人面前非常难堪,他不得不打电话叫妻子带现金来饭店结账。于是麦克纳马拉产生了创办信用卡公司的想法。

1950年春,麦克纳马拉与他的好友合作,创立了"大莱俱乐部",为用户提供一种能够证明身份和支付能力的

卡片，用户凭卡片可以记账消费后统一结算。这就是最早的商业信用卡。

信用卡诞生后，因为使用非常方便，很快在全世界流行起来。

一张卡片，凭借磁条、签名、密码，在世界各地都能使用，不用带上大把的现金，方便又安全。

信用卡最大的特点就是可以透支。在很多女生看来，信用卡的透支功能就像一种魔力。事实上，这是对信用卡的误解。

所谓"透支"，就是银行允许持卡人在约定的限额内，超过存款余额购买东西的一种形式。申请了信用卡，就相当于和银行达成了协议，在消费的时候，你可以先用银行的钱。不同的信用等级，能透支的限额是不一样的。当你透支以后，你必须在规定的期限内还款。还款的方式有很多，可以一次还清，也可以分期还。但是，如果你到期未还，银行就会起诉你，强制让你还钱。而且，超过期限后还会产生利息呢。

如果不明白其中的道理，随心所欲地使用信用卡，不能及时还款的话，你就很有可能遭遇"信用危机"。

个人信用是和他是否能及时偿还透支的钱联系在一起的，一旦丧失了"信用"，就会有更大的损失。

现在，信用卡已经成为很多人生活中的重要伙伴。那么，青春期的女生能不能拥有自己的信用卡呢？

我国法律规定，没有固定收入，18岁以下的未成年人是不能办理信用卡的。也就是说，你们暂时不能拥有自己的信用卡。但是，你们在父母的信用卡账户下办一个副卡，你就可以使用信用卡的部分功能啦。

看似方便、安全的信用卡，对女生的消费习惯可是一种挑战。搞不好，账单会像滚雪球一样，让人负债累累。所以，女生如果决定要使用信用卡，一定记住：要有责任心，要讲信用，做事要考虑后果。

某个不好的行为经过不断重复形成习惯后，再想改变就很难啦。

不正确地使用信用卡或者养成随意透支消费的习惯,就会在未来陷入困境。

信用其实也是一种财富,女生需要好好珍惜,千万不要挥霍哦!

女生小攻略

女生必须知道的银行术语

女生了解一些银行术语,对理财很有帮助。让我们一起来学一学。

1. 储蓄

把节约下来或暂时不用的钱存到银行里就叫储蓄。这样,既保证了钱的安全,又能获得利息收入。你只要拥有自己的银行储蓄账户,就可以随时往里面存钱了。

2. 利息和利率

把钱存到银行或者从银行贷款,都会有利息。把

钱存进银行账户，银行要支付利息给你；而向银行贷款的时候，你需要支付给银行利息。一般是以你存进或贷出的钱为本金，用本金乘以一个比率，就能算出利息，这个比率就是利率。

3. 定期存款

你把钱存到银行后，和银行约定一个存钱的期限，在这个期限里，你是不能随意取钱的。如果你一定要取，银行支付给你的利率就会降低。定期存款的利率一般比活期存款的高，存期越长，利率越高。

4. 活期存款

这是最自由的存款方式，可以随时把钱存进去，也可以随时取出来。不过利息相对较低。

5. 零存整取

按照事先约定的金额，逐月把钱存入银行，到期后就可以把本金和利息都取出来啦。这种方式对攒钱很有帮助。

6. 储蓄卡

是银行为储户提供服务而发放的一种交易卡片，可以用它存取现金，也可以用它刷卡消费，前提是这张卡里有足够的存款，不可以透支消费。

7. 信用卡

多数为银行所发行。不同信用级别及财力的人，可以申请不同额度的信用卡。信用卡可以透支，需要在账单日之前偿还消费款，否则将会使信用受损，从而在生活各方面遭受损失。

8. 手机支付

是当下流行的一种非现金、非刷卡的支付方式。它需要借助第三方平台（多数为手机APP，如支付宝、微信等），前提是与银行账户进行绑定。手机支付的形式多为扫二维码。

6 一只假表的"价值"

> 这个世界好东西那么多,显然不可能全部拥有。为什么要为此而受累呢?

在六(4)班，有一对"奇葩"，她们就是渺渺和梦丽。

"竞争"是渺渺和梦丽永恒的追求，同学们都不由得感叹：既生"渺渺"，何生"梦丽"？为什么要把两个虚荣的小女生放在同一个班呢？

新学期报到这天，渺渺和梦丽的"竞争"就上演啦！

"你们猜，假期我和爸爸妈妈去了哪里？"渺渺率先炫耀自己的家庭旅行。

"哎呀，你们肯定猜不到的，因为我们根本就没有去国内的任何地方旅行，我们去了国外的海滩

呢。你们不知道，那儿的海水有多清，沙子有多白，我还潜水了呢！"

同学们一个个好奇地伸长脖子听着渺渺讲述，好像自己就置身在阳光热烈的海滩上。

"瞧，这些是我拍的照片，给你们看看啊。"说着，渺渺就拿出照片，给大家一张一张地看了起来。

这时，本来在一旁嘟着嘴的梦丽凑了过来，一看渺渺拿的照片，脸上立刻出现了笑容。

"哈，渺渺，你怎么还洗照片啊，我现在都用手机拍照啦。"梦丽讥笑着说。

"哦，其实我爸早就给我买了最新款的手机，不过，照片的话我还是更喜欢拿在手上感觉。"渺渺虽然说得轻描淡写，但是，围在她身边的女生们

女生成长 小红书

个个惊得眼珠子都快掉地上了,她们心想:我们连手机都没有呢,她们都用到最新款啦。

梦丽一点便宜都没占到,只好转身走出了教室。不过,她是绝对不会认输的。

第二天一早,当梦丽走进教室的时候,大家很快就发现她手腕上戴了一块闪闪发光的玫瑰金手表。

"好漂亮的手表啊!"一个眼尖的女生带头喊了起来。

马上,女生们就围到了梦丽身边。

"这是什么表啊?太漂亮了,你们瞧,多精致!"

梦丽满脸都是自豪的笑容,说:"这是我爸爸从瑞士带回来的表,要八千多元呢!"

"这么贵啊,不过,这表实在是太好看了!"

渺渺偷偷瞄了一眼梦丽的手表,再看看自己的国产手表,心里堵得难受。

回到家，渺渺把书包往地上一扔，就抱头哭了起来。

妈妈走过来，问道："怎么了，宝贝？谁惹你了？"

渺渺把手腕上的表摘下来，塞到妈妈手里，说："还给您，这破表，丢死人了！"

妈妈莫名其妙地看看手里的表，说："这表挺好的呀，是你生日的时候我送你的。你当时还非常喜欢呢，现在怎么说是破表呢？"

"哼，人家戴的都是瑞士的表，八千多元一块，您送的表，连八百元都不值！"渺渺生气地说。

妈妈叹口气说："前段时间，你说同学有手机，你也要一个，我就把自己的手机给你用了；后来，你又说同学去青岛旅游了，非逼着妈妈给你下载什么海岛的照片；现在倒好，要起八千多元的手表了。这样的奢侈品，是我们这种普通家庭能承受的吗？"

女生成长 小红书

盛气凌人
奢侈品
翻来覆去

妈妈的话像钉子一样扎在渺渺的心上,可是,一想到梦丽那盛气凌人的样子,渺渺就很不服气。

怎么办?哭过之后,渺渺还是琢磨起应对的办法来。

对啦,可以网购啊!看到电脑,渺渺突然有了主意。

一周以后,渺渺从网上买的"名牌"手表就到货啦。打开一看,外表还真不错呢。

渺渺进了教室,故意伸出手腕晃了晃。

梦丽早就注意到渺渺的新表了,走过来说:"咦,戴新表啦?"

"是名牌的,18K金的呢。"渺渺说。

"呀,不错呀,给我看看。"梦丽伸出手说。

渺渺有点忐忑地把表递给了梦丽。

"呀，18K金的怎么会这么轻呢？"梦丽吃惊地说，"你再瞧瞧这做工，恐怕是假的吧。你在哪里买的呀？"

渺渺的额头上渗出了汗珠，没想到梦丽这么难对付，这块表花了不到一百元，肯定是假的。

这时，老师走了进来。大家迅速回到各自的座

女生成长 小红书

位上。

老师宣布:"明天下午我们召开主题班会,讨论一下学生该不该用奢侈品,请大家提前准备发言!"

说完,老师就走了出去。

渺渺立刻把假表藏到了口袋里。

晚上,那块假表就放在渺渺枕头边上,一想到它,渺渺就翻来覆去睡不着。

渺渺突然觉得好累,自己为什么非要和梦丽比呢?梦丽的爸爸是一家大企业的老总,梦丽从来就不缺钱,而自己的爸爸妈妈只是普通的职员,哪里有那么多钱啊?为了买想要的东西,自己没少和妈妈吵架。

再说了,自己现在又不挣钱,拿着爸爸妈妈的钱买奢侈品,有什么意思呢?有本事就自己挣钱买呀。

早上醒来的时候，渺渺发现镜子里的自己眼睛红红的。

哈哈，你瞧，这不就是犯了"红眼病"吗？终于找到了答案，渺渺的心里一下子踏实了。

下午的班会上，渺渺主动发言，把自己和梦丽"竞争"的事全都抖了出来，还谈了自己的想法。

发言结束后，渺渺想，同学们知道了自己的秘密，会不会看不起她呢？

但是，令她感到意外的是，大家热烈地鼓起掌来，连梦丽也在激动地鼓掌呢。

老师说："渺渺今天能把自己心里的想法说出来，是需要很大勇气的。我想，对大家来说，勇气和智慧，才是真正需要'攀比'、需要'竞争'的

东西!"

听完老师的话,渺渺激动得热泪盈眶,她手里紧紧攥着那块假表,心想,这块假表给自己带来的成长价值,恐怕连真的也比不上呢!

奢侈品是一颗理财的炸弹

高消费现象已在校园里悄然出现。不少女生,吃高级食品,喝高档饮料,穿名牌服装……不仅如此,同学之间还出现了相互攀比的现象。

处在青春期的女生自尊心很强,她们之中已有相当一部分人开始注重外表,在意别人对自己的看法。许多女生穿的、用的都是名牌,甚至连袜子都是名牌的。她们觉得名牌有档次,可以在同学面前炫耀,让别人都羡慕自己。于是,同学之间就形成了攀比之风,女生的消费明显走向奢侈化。

女生为什么会形成这种消费观呢?

第一是求新性。女生对外界新事物的接受能力特别强,在许多新事物的吸引下,"试一试"的想法促成了这种消费观的萌芽。如今,很多学生对品牌手机情有独钟,为买手机不择手段的事件屡见不鲜。很大程度上就是受这种消费心理支配的。

第二是兴趣性。有的女生是"追星族",每月大部分的零花钱都用在购置自己偶像的演唱会门票及周边产品上。有的女生是"时装迷",对很多漂亮的衣服感兴趣……

第三是从众性。同龄人的环境中,倘若有不少女生的家境都不错的话,就特别容易出现攀比现象。一些女生会产生"别人有什么,我也要有什么"的想法,加上时下的某些时尚主题及媒体广告的渲染,更促进了这种不健康心理的形成。

第四是盲目性。盲目性寓于从众性之中。比如,班里

有一个女生买了一双名牌鞋,过不了几天,有一些女生就会盲目地穿上一模一样的鞋子。

总之,之所以会产生奢侈化的消费现象,主要是因为一些女生的虚荣心太强,什么都喜欢和别人攀比,喜欢通过拥有的物质来展现自己的实力,从而萌生错误的消费观和价值观。她们错把对物质的拥有与对幸福的获得挂钩,错认为高档、昂贵的商品才是最佳的消费选择。

很多时候,痛苦在自己的心里,而幸福却在别人的眼里。我们总是抱怨自己拥有的不够多,一味地去追逐、攀

比，结果连原本拥有的东西也失去了。不要让扭曲的虚荣之心伤害我们，多关心自己拥有的，才会获得真正的幸福和快乐。

那么，如何走出奢侈品消费的误区呢？

首先，要提高自己的审美情趣，端正消费态度。只有合体的、舒服的、消费得起的，才是最适合我们的，不要盲目追求名牌。

其次，多参加一些公益活动。比如，参加学校组织的献爱心义卖活动，帮助身边生活贫困的学生，做有意义的事。

最后,开阔自己的视野。多利用走出课堂的机会,去工厂、山区参观,参加春游、秋游等活动,激发自己热爱劳动、热爱自然的情感,把自己从狭隘地追求奢侈品的小圈子里引向美好而广阔的天地。

女生小攻略

女生的消费秘诀

青春期的女生树立正确的消费观念非常重要。下面就给女生们提供一些树立正确消费观念的秘诀。

1. 量入为出,适度消费

"量入为出",听起来很深奥,其实很简单,就是你的消费支出应该

与收入相匹配。

所谓的"收入"就是你的零用钱、压岁钱和其他的资金，不但包括你目前的收入，还包括你的未来预期收入。举个例子，如果你一年的收入总共有一千元，而你请同学吃一顿饭，为了面子而花了五百元，那么很明显，这种消费行为就是非常不理智的，会使你接下来面临财务危机。

2.避免盲从，理性消费

看到别人买什么，自己就买什么，不去考虑自己的情况，这样的消费行为是很愚蠢的。我们不妨归纳

一下,如何做到理性消费:

(1)要适合自己的需要

适合的才是最好的,需要的才是该买的。这个世界好东西那么多,显然不可能全部拥有。为什么要为此而受累呢?

(2)消费时要有主见

知道自己的财务能力以及自己需要什么,不要人云亦云,随大流、追风头。

(3)不因赌气而消费

消费时要心平气和,心态端正,不要因与周边人攀比,或者受刺激而冲动消费。

(4)不要忽视精神消费

女生的眼睛不要只盯着衣服和首饰。真正能体现

你气质和修养的,是你丰富的精神世界,多看看有意思的演出,多看看有趣的书籍吧。

3. 勤俭节约,绿色消费

任何时候都要记得发扬勤俭节约、艰苦奋斗的精神。这不仅是一种消费方式,而且是我们代代相传的精神内核。绿色消费和勤俭节约总能体现在一些细节上,比如少用一个塑料袋,不仅会少花一点钱,也会少一分污染。

打工记

劳动创造财富,女生要脚踏实地地去赚钱。一分耕耘一分收获,不要指望一步登天。天下没有免费的午餐,只有付出了汗水,你才能品尝到甜蜜的果实。

 女生成长 小红书

自从第一眼看到这台平板电脑,咪咪就喜欢上了它。

可是,三千多元的价格对咪咪来说绝对是个天文数字。怎么办呢?咪咪只好去求爸爸。

"爸爸,我们班很多同学都在用平板电脑呢,看书、学英语、听音乐都非常方便,您能不能给我也买一台啊?"

"这个恐怕不行吧。"爸爸说,"平板电脑可没有列在你今年的购买计划中哦,要想买,也要到年

底的时候,家庭会议通过了,才能买。"

咪咪家的财务管理可是非常严格的,绝对不允许家人因为心血来潮就随便买东西。

看着咪咪失望的样子,爸爸突然提出了一个建议。

"我有一个办法可以让你得到平板电脑,不过,你需要付出劳动。"

"什么办法啊?只要能买来平板电脑,辛苦一点没关系的。"

看事情有了转机,咪咪激动地说。

"马上到暑假了,你可以通过打工挣钱。如果你挣到一百元,爸爸就为你补贴一百元,这样到假期结束的时候,你应该就可以买一台平板电脑啦。"爸爸说。

"好啊。"咪咪拍着手说,"可是,我到哪里去打工呢?"

爸爸想了一会儿说:"你可以先到我的工作室来做一些杂活,比如打扫卫生、收发报纸、端茶倒水、复印文件什么的,我每天给你开三十元的工资,干得好还有奖金。"

"谢谢爸爸,我一定好好干!"

就这样,假期开始的时候,咪咪迎来了人生中第一次打工。

第一天上班,咪咪就感受到了赚钱的辛苦,差一点就没坚持下来!

别看爸爸的工作室面积不是很大,但是,清扫起来十分麻烦,桌面上有很多文件,擦完桌子都要小心地放回原处。

当咪咪正在打扫卫生的时候,她听到爸爸喊:"咪咪,帮我冲一杯咖啡。"

"哦,好的。"放下报纸,咪咪就去冲咖啡了。

咪咪小心翼翼地把烫手的咖啡放到爸爸的办公

桌上,爸爸拿出一份文件,让咪咪去复印一份。

咪咪拿着文件刚要转身,突然,胳膊不小心碰翻了刚才放到桌子上的咖啡。

爸爸大惊失色,一边连忙拿起桌上的文件,一边责怪咪咪:"咖啡怎么能放在这儿呢,幸亏没洒在电脑上,否则就坏事啦。"

咪咪连忙道歉,可是,爸爸铁面无私,按照规定,扣了咪咪半天的工资。

这要是在平时,咪咪早就哭起来了,但是,现在是在给爸爸工作,咪咪不好意思哭,只好默默忍受了。

就这样,一个星期后,咪咪干得得心应手了,成了爸爸的好助手,工作室里每个人都对咪咪竖起大拇指,夸咪咪既聪明又能干。

咪咪在得意之余,算了一下自己的收入,照这样干满一个月,就能拿到将近一千元的报酬,加上

女生成长 小红书

爸爸补贴的一千元,哎呀,离买平板电脑还差一千元呢!

不行,咪咪必须再想办法。

一天,给工作室送报纸的阿姨羡慕地看着咪咪说:"瞧这孩子,多乖啊,这么小就知道帮爸爸工作了,不像我家的孩子,叫他早上帮我卖报纸都不肯呢。"

咪咪听阿姨这么说，忽然想到，卖报纸也可以赚钱？她立刻问道："阿姨，早上卖报纸也能赚钱吗？"

阿姨说道："当然啦。早上正是上班的高峰期，在车站能卖好多报纸呢。我要负责给这整栋大楼送报，抽不出时间，要不早就去了。"

咪咪灵机一动，说："阿姨，我帮您卖吧，反正我也要来这里上班的，每天早到一点，帮您在车站卖报纸，您能给我多少报酬啊？"

阿姨拍着咪咪的头说："真是好孩子。这样吧，我每天早上把报纸给你准备好，你去卖。卖掉一份给你一毛钱，怎么样？"

"好啊！"咪咪愉快地答应了。

她在心里悄悄算了账，如果每天能卖掉一百多

份报纸,每天就能赚到十多元钱了,一个月下来就能赚三四百元,加上爸爸的补贴,基本够买平板电脑了。

就这样,咪咪一天打两份工,虽然很辛苦,但是非常充实,连吃饭、睡觉都比以前有规律了。

令咪咪感到意外的是,她在车站卖报纸成了一道特别的风景,因为人们已经很久没有见到卖报纸的孩子了,很多人为了买咪咪的报纸,哪怕多走一站路也愿意。

咪咪的报纸卖得非常好,每天早上能卖掉二百多份呢!

这二百多份报纸,能给咪咪带来二十多元的收入。咪咪的辛劳让她离目标又近了一步。

一个月的打工时间很快结束了,除了工资,爸爸还给了咪咪二百元的奖金,这样加上卖报纸的钱,咪咪在一个月的时间里赚了一千八百元,这还没算上爸爸的补贴!

买完平板电脑后,咪咪还有将近五百元盈余。

看到自己辛辛苦苦挣钱买来的平板电脑,咪咪格外喜爱,也非常珍惜,每天都小心翼翼地使用。

这台平板电脑对咪咪来说,可是有着非凡的意义!它不仅是辛苦的汗水换来的成果,更是努力的战利品!它不仅让咪咪懂得辛苦付出的意义,还让她品尝到了努力赚钱的快乐。

劳动创造财富

财富从哪里来?会不会从天上掉下来?会不会从地上冒出来?

刷刷姐姐先给大家讲个故事吧,听完故事你就明白啦。

从前,有一位父亲在临终前对他那好吃懒做的儿子说:"我在屋后那片地里埋藏了一坛银子。"不久,父亲去世了,儿子便马上跑到屋后,挖起银子来。可是他挖了很久,也没

挖到银子。

儿子有些着急,他怀疑父亲是骗他的——父亲怎么可能把银子埋在地里呢?

他告诉了母亲,母亲对他说:"既然地里没银子,我们就种些麦子吧。"儿子觉得种麦子新鲜,就照着母亲的话去做,在地里撒下了麦种。

开始的几天,儿子很积极地照顾着麦子,可是时间长了,他便没了兴趣,又懒了起来。

母亲又对他说:"等麦子可以收割时,地里的银子就会随之长出来了。"

于是,他每天起早贪黑,在地里忙碌。夏天,麦子可以收割了,儿子高兴极了。他再次挖土找银子,可是仍旧没有找到。

他连忙问母亲,母亲只说:"也许是时间不够长吧。"她吩咐儿子继续种麦子。儿子没说什么,又跑去地里忙活了。

三年后,母亲把麦子换回的银子装进了坛子里。然后,她把坛子递给儿子,并告诉他,这就是他父亲当年埋下的银子,如今长出来了。儿子笑了,他对母亲说:"我终于知道,财富是不会自己从土里冒出来的。"

劳动创造财富,女生要脚踏实地地劳动。一分耕耘一分收获,不要指望不劳而获。天下没有免费的午餐,只有付出了汗水,才能品尝到甜蜜的果实。

女生的第一份工作,可以从社会实践开始。

对女生来说,参加社会实践不但能赚到零花钱,还能够培养理财意识,知道钱是需要通过劳动获取的。一些聪明的女生,还能通过社会实践,获取非常有价值的生活经验。

女生可以邀请同学或朋友组成"暑期社会实践活动小组",三到五人比较合适。大家一起设计一个"暑期社会实践活动小计划",可以听听爸爸妈妈的意见,或者请一位值得信赖的成人做你们的"活动辅导员"。

活动前要考虑周全,制订尽可能详细的活动计划;活动中要进行记录,可以拍照片、摄像、记笔记等;活动后要有总结,可以开讨论会、写感受等。

相信通过有趣的社会实践活动,大家的收获一定不只是赚到一点零花钱那么简单。

生日礼物风波

青春期的女生,有些已经开始为身边的人选送礼物了。有些女生非常看重礼物的价格,其实,礼物的好坏和价格的高低没有直接的关系,而在于礼物中蕴含的心意。

女生成长 小红书

体育课上,利用短暂的休息时间,女生们三五成群地聊起了天。美莎突然对几个好朋友宣布:"我下周二要过生日啦!"

表面上,朋友们都在高兴地祝贺着,而私下里,大家的心都疼了一下,因为美莎无疑在告诉大家:

"快给我准备生日礼物啊!"

不知道从什么时候起,班里同学过生日,关系好的同学都要送礼物,这已经成了一条大家默认的规矩。

送礼物其实也没什么不好,增进同学感情嘛。只是,这礼物越送越精致,越送越贵重,甚至赶上大人们的送礼规格啦!

放学回家后,美莎最好的朋友小秋对着日历开始发愁了,她在日历上下周二的地方画了个红色的圈,然后仔细一算,还有五天就到啦。

到底该送什么礼物啊?小秋心里非常着急。

记得两个月前自己过生日的时候,美莎送了自己一副三百多元的羽毛球拍。

为什么会送她这么贵的球拍呢?

那天小秋约了美莎去打羽毛球,因为有风的缘故,接球特别费力。打了不到半个小时,美莎和小

秋就已经累了。

两个人坐在场地边上休息了一会儿,正准备动身回去,美莎的腿突然抽筋了,疼得她直叫。小秋帮美莎轻轻地按摩了一阵,她才好了一些,可是,走起路来腿还是有点麻。

小秋搀着美莎来到了楼梯口,一看长长的楼梯,美莎自己就先发怵了。

"我的腿好麻呀,根本就使不上力,怎么爬楼梯呀?"美莎焦急地说。

小秋看了看手中的球拍,递到美莎手里,说:"来,拿我的球拍当拐棍吧,我再在旁边搀着,你应该能上楼啦。"

就这样,两个人艰难地爬到了三楼。

眼看就要到家了,突然,咔嚓一声,球拍断成了两截。

美莎一看傻眼了,说:"哎呀,弄断你的球

拍啦!"

小秋心里咯噔一下,什么都没想就脱口而出:"这副球拍是我外公送我的生日礼物呢!"

美莎一听,心里更过意不去了,说:"小秋,对不起,我不是故意的。我知道你外公在世的时候特别疼你,经常陪你去打球,这球拍对你来说意义非凡。这样吧,等你过生日的时候,我送你一副球拍吧!"

听美莎这么说,小秋反而不好意思了,忙说道:"没关系的,我也就是随便一说,断了再买一副就是了。"

可是,令小秋感到意外的是,美莎真的在她生日的时候送给她一副球拍,而且还是名牌的呢!

现在,轮到自己给美莎送礼物了,到底送什么才好呢?美莎对自己这么好,要是送她一般的礼物,肯定不能表达自己的心意。

女生成长 小红书

美莎到底需要什么呢?小秋琢磨了半天,也没有想出她到底需要什么。不如先试探一下吧!

第二天放学后,美莎邀请小秋一起去买东西。

两个人来到位于地下的青年商城,买完东西之后,正打算往回走,美莎突然看到一家箱包店。

"小秋,我们进去看看吧。突然想起来了,我缺个钱包。"美莎说。

小秋点点头,跟着美莎进去了。

美莎的目光停在了一个红色的钱包上,这个钱包非常精致,做工很好,美莎拿在手里看了半天。

导购姐姐看到了,说道:"钱包打折呢,折后四百九十八元。"

"什么,这么贵啊!"美莎一听价格,立刻拉着小秋出了商城。

回家后,小秋一直在想,刚才美莎是不是在暗示自己,送她这个漂亮的钱包呢?

但是,转念一想,美莎不是那样的人。

不行,还是得买,自己不是正想知道美莎需要什么吗?既然她看上了这个钱包,当作生日礼物送

给她不是很好吗?

哎呀,可是,这个钱包要将近五百元呢,自己哪里有这么多的零花钱!

为了给美莎买礼物,小秋已经纠结了大半天了。

妈妈看到小秋一筹莫展,问道:"怎么了,为什么闷闷不乐呢?"

小秋说:"妈妈,您正好帮我出出主意,美莎要过生日了,我该送她什么礼物呢?"

"哦,这个,你问过美莎的意见吗?"妈妈问道。

"哎呀,送人礼物哪有问人家喜欢啥的,不过,我们一起去买袜子的时候,美莎倒是看上了一个钱包呢。"小秋说道。

"那正好啊,你买下来送给她不就行了?"

"可是,那个钱包要将近五百元呢!"小秋无奈地说。

"的确是贵了点。"妈妈说,"同学之间最好不要送价格太贵的礼物。"

"可是,妈,我过生日的时候,美莎送了我一副三百多元的球拍呢!"小秋说道。

妈妈叹口气,说:"小秋,礼物是不是贵重,可不能光从价格上去判断啊。上次人家送了你三百多元的礼物,这次你送她接近五百元的礼物,下次她再送你八百多元的礼物……照这样下去,最后你难不成要买座金山送给她?"

小秋扑哧一声笑出来,说:"妈,您可真会

说话。"

妈妈说:"不是我会说话,你必须懂得,衡量一件东西的价值,不能单单看价格,价格高的,不一定就是有价值的东西。朋友之间,生日礼物一定要送有价值的、有意义的,而不是价格高的。"

小秋似乎明白了什么,点了点头。

时间过得很快,转眼就到周二了。

美莎收到了很多生日礼物,有发夹,有钢笔,有毛绒玩具……

当然,大家最期待的还是小秋的礼物,因为小秋是美莎最好的朋友,礼物自然会很特别。

当小秋打开礼物的时候,大家都惊呆了——一个用坏球拍做成的相框,中间镶着小秋和美莎的合影。

虽然在大家眼里,这个礼物有些简陋,可是,美莎一看,眼泪就开始在眼眶里打转了。

小秋说："这是我们上次弄断的球拍，我把它做成相框，希望它能见证我们的友谊。"

美莎接过相框激动地说："这是我收到过的最好的礼物，也是最贵重的礼物。"

学会送礼物是女生的理财必修课

富有的人,即使他什么都不缺,他也会非常高兴收到礼物。为什么呢?因为礼物代表着心意呀。

所以,重要的不是礼物,而是心意。

青春期的女生大都刚刚开始为身边的人送礼物,有些女生会非常看重礼物的价格,认为越值钱的礼物就越有价值。其实,礼物的价值和价格的高低没有直接的关系。

女生学会送礼物，是一门很重要的理财必修课。接下来，刷刷姐姐就和大家分享一些送礼物的秘密。

1. 昂贵的礼物不如别致的礼物

不要送昂贵的礼物，例如名牌衣服、香水、背包等。最好是送"四不掉"的礼物，即吃不掉、用不掉、送不掉、扔不掉。这样的礼物最适合表达心意，收到礼物的人也会非常高兴，自然能加深朋友间的友谊。送礼物的目的并不是要给接受礼物的人带去财富，所以，送那些昂贵的东西，很容易让礼物"变质"。

2. 独一无二的、有创意的、有个性的礼物最好

这样的礼物能够给收礼物的人一份惊喜和感动。你的朋友会知道你花了很多心思为他准备礼物，这正好就是送礼物的目的之一。所以，有个性的手工艺品是不错的选择。比如，仿照朋友的照片用软陶制作的个性卡通塑像，就非

常可爱呢。

3. 不要让朋友来选择

往往有一些女生,在送礼物之前,会试着问对方想要什么东西,或者拿出两三样东西,让对方选择。其实,这样的做法很容易让朋友感到不知所措,也会让礼物失去原来的价值,总之在送礼物的时候让你的朋友做选择,你会把尴尬也送给朋友。

女生小攻略

自制礼物的魅力

女生送自制的礼品,不仅显得有个性、有创意,而且充满了诚意。比如缎带发卡、绳编手链等。

一般来说,自制礼品分为两类:

1. 创意性礼品

一把红豆通过个性设计,就能做成独具特色的红豆手链;在杯子上印上"友谊天长地久",就能把一个杯子变成"一辈子";一份生日当天的老报纸,也是很有创意的礼品……与众不同,独具创新,就是自制礼品的魅力。

2. 实用性礼品

人们越来越追求物品的实用价值,礼品也不例外。所以,一些实用的礼品也是不错的选择。自制相册、自制台历、自制抱枕等,不仅实用,而且能满足女生的个性化需求。

神奇的网购

对女生来说，网络无疑是锻炼理财能力的好地方，合理利用网络资源会让你的理财能力得到全面的提高。

女生成长 小红书

"檬檬,下午我们去书店吧,听说最近新出了好多超级好看的漫画书呢,我们去买几本吧!"

寒假里,小爱在家闲得无聊,正好手头的压岁钱有一部分可以自己支配,就打电话邀檬檬一起去买书。可令小爱感到意外的是,平时最爱看漫画书的檬檬却表现得很冷淡。

"不行啊,下午我还要上网呢,我已经跟妈妈预约了上网时间。"檬檬在电话里说。

"什么,上网?"一听到"上网"两个字,小爱吃了一惊,"你妈妈竟然允许你上网啊!你可真厉

害，怎么会有这样的'特权'呢？"

"嘿嘿，其实我是要在网上买书呢。你知道吗？网上的书要比书店里便宜一半呢！"

檬檬的话让小爱非常吃惊。竟然有这样的好事，坐在家里，连门也不用出，还能买来便宜一半的书。

小爱赶紧说："那我下午去你家好了，你教教我怎么从网上买书吧！"

"好啊，没问题，我们下午见。"檬檬爽快地答应了。

下午，小爱吃过午饭后，准时来到了檬檬家。一进门，檬檬就带小爱来到书房。电脑已经开机了。

小爱迫不及待地说："快告诉我，怎么在网上买书啊？"

"别着急，我们慢慢来。"檬檬笑着说，"我们

先打开一个购书网站,然后图书种类选择你想买的书——你瞧,这不出来了嘛!你看看有没有喜欢的。"

当檬檬点开网页之后,一下子就冒出好多精美的图书来,小爱都看呆了。

"这本,这本不错!啊,等等,你点下这个,这个是我最喜欢的系列……"

"看你猴急的样子,这些书又飞不了,我们慢慢选吧。"看小爱一副着急的样子,檬檬忍不住笑了起来。

"我选好了,就要这套科普图书,好有趣呀,你看,五折优惠啊,能省下八十元钱呢,赶紧帮我买吧!"小爱选中了一套书,立刻就想买下来。

檬檬却一点也不着急,说:"你瞧,这家网店不免运费,我们去别家网店看看吧。"

说完,檬檬就打开了另外一个网页,搜索到了小爱想要的书。

"小爱,你瞧,这家网店不但免运费,而且还送书签呢,我们从这家网店买好了。"

小爱惊讶地看着檬檬说:"你太厉害了,又帮我省了不少钱,就听你的。可是,我怎么付钱呢?"

"不用担心。"檬檬看着吃惊的小爱说,"可以货到付款的,我们把你家的地址留给商家,过几天,送到之后,快递员就会给你打电话,你到家门口取书就可以了。记得先验货,然后再付款哦!"

"太好了,这样就买到好书了,简直太不可思议了!"

下完单,小爱还没完全反应过来呢。

"檬檬,你到底是怎么学会网购

迫不及待网购优惠

的呢?"

"嘿嘿,是今年夏天的事啦。一个星期天的下午,我做完作业,正想去楼下买文具,看见妈妈在书房里上网,就过来跟妈妈打招呼。妈妈正好在网购呢,一听我要买文具,就让我从网上选。所以,我就跟着妈妈学会了网购。"

"哈哈,原来是这样啊。以后我要买文具什么的,是不是也可以从网上下单,然后在家门口等着付钱就好啦?"小爱问。

"那可不一定,不是什么东西都可以货到付款

的，很多商家需要先在网上付款呢。"檬檬解释说。

"网上付款，怎么付啊？还有，我要是付了款，人家不给东西怎么办呢？"小爱还是第一次听说可以在网上付钱呢。

"可以用电子钱包啊，现在有很多这样的支付中介呢，比如微信、支付宝等。先把钱存在支付中介，等收到货了，你再确认付款就好啦。"檬檬说。

"嗯，这个办法好，大家都放心了，可是怎么开通呢？"

"我用的是妈妈的账号，每次选好东西，需要在网上付钱的时候，我就去找我妈妈。"檬檬笑着说。

"下次我也让老妈帮我付款！好了，我要回家等我的书去了，今天的收获可不小呢，谢谢你，檬檬。"

从檬檬家出来，小爱一路小跑着回了家。

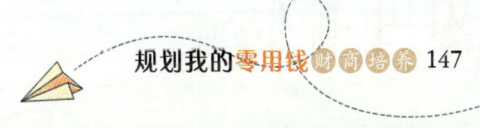

女生成长 小红书

一进门,小爱就找妈妈商量网购的事,听说小爱学会了网购,妈妈也很高兴,答应只要小爱选好商品,可以帮她付钱。

一个星期以后,小爱拿出一个非常漂亮的卡通文具套装,她告诉檬檬,这是从网上买来的。

檬檬看了看文具套装,说:"这个套装我老早就看上了,但因为价格贵,一直没买,你花多少钱买的呀?"

"这个商场要一百多元呢,网上只要八十多元。"小爱得意地说。

檬檬皱着眉头说:"你买贵了,过几天是开学季,文具都有大优惠呢,我就等着到那时候买!"

"什么,开学季还有优惠啊?"小爱吃惊地说。

"那当然了,网店和商场一样,也

有很多打折活动的,比如国庆节、元旦等,都会搞活动。有了中意的东西,不要急着买,先放入购物车,等到商家搞活动的时候再买,才最实惠呢!"

原来网购还有这么多学问啊,小爱心想,看来自己离成为"网购达人"还有很长的距离呢!

女生网购小攻略

网购在今天已经非常普遍了,据统计,小学生中有30%的人会网购。从网上买书、文具、小饰品等是非常方便和划算的。

可是,对青春期的女生来说,学习是第一位的,女生没有很多时间上网,要想在有限的时间里从网上买到称心的商品,就要掌握一些网购技巧哦。

1. 网购的时候要选择那些信誉高且开店时间久的网店

但是,也不能完全迷信网店等级,举个例子来说吧,皇冠店不一定就比钻石店好,很多皇冠店生意好了,雇了许多店员,而且浏览量也比较大,很多时候服务不够到位。

相反,钻石店大多还是店主亲自服务,服务自然比较到位,可以给人带来不错的购物体验。

2. 货比三家是必要的,但是价格特别低的要谨慎下单

人们购物总是趋向于选择价低的商品,这种心理往往会被一些人利用。如果在购物的过程中,发现同样的商品某店的价格比别家低很多,就需要注意了。一定要反复询问卖家,图片与实物是否一致,可否接受无理由退货等。

告诉大家一个小秘密:一般刚开的网店商品价格相对

比较便宜，因为处于起步阶段，低价格可以更好地吸引顾客。

3. 选择宝贝的时候，尽量挑选商品描述详细的卖家的产品

商品描述详细，照片又多，虽然不能就此保证商品的质量，但是至少能体现出商家在努力地做生意。不过应该注意的是，商品的详细描述及照片应该是原创的。

4. 一定要记得看顾客的评价和销售情况

看下这个店铺最近一周的销售量和最近一个月乃至最近半年的销售量是否符合情理。以评价为例：最近一周才有几个好评，但最近一个月有三百多个好评，这就有点不正常了，好评多半不是真实的。还有，如果好评都来自低级别客户，甚至都是匿名客户，那些好评很可能是刷出来的。

还要看动态评分，如果动态评分都是五分，请一定要注

意了，如果商家进行的是虚拟交易，比如卖充值卡、点卡、店铺装修模板之类的还有可能；如果是实物交易这种现象基本是不可能的。但也不能太低，一般在四到五分是正常的。太低了也值得怀疑，那可能是商家在有些方面确实做得不怎么样。

很多女生都会说，家长之所以不让自己网购，是担心自己上当受骗。刷刷姐姐要告诉大家的是，网上购物一般都是比较安全的，只要按照正确的步骤，在正规的网购平台进行交易。但是，网购确实有很多陷阱，尤其是刚开始学习网购的女生，一定要注意，在确定付款之前，要和家长商量一下，最好是让家长帮自己付款。另外，网上购物支付的款项一般都是放在支付中介账户中，确认收货以后商家才会收到钱。千万不要直接将钱汇入商家账户。

女生小攻略

网购指南

刷刷姐姐告诉大家一些网上购物的注意事项,选择商品的时候大家可要留心哦。

1. 不要贪便宜

很多人在网上购物就是图便宜。如果网上的商品比市面上的便宜一些,大家可以放心、大胆地付账,之后就等送货上门了。但是千万要注意那些便宜得离谱的商品,就算图片看起来多么酷,介绍说得多么棒,建议大家还是不要买。

2. 识别商家

最好到一些大的网购商城购买商品。

3. 选购商品

看商品的销售量,销售量大,说明深受顾客喜爱,质量等方面也都有保证;看评价,好评多说明商品真的不错,可以放心购买。另外,下单前要先跟卖家确认、沟通好,以免造成不必要的麻烦。

4. 支付

最好选择货到付款,实在不行,建议选择支持第三方支付平台的网站,给网购一份安全保险。

5. 收货

收到货物后,应尽快、仔细检查货物有无质量问题,特别是某些部件是否完好。另外,收货时一定要索要相关凭证,如电子交易单据、购物发票或收据等。

刷刷

中国作家协会会员，儿童文学作家，江苏省优秀校外辅导员，江苏省十大优秀科普作家之一。主要作品有《向日葵中队》《幸福列车》《八十一棵许愿树》《星光少年》等。作品入选"优秀儿童文学出版工程"、"向全国青少年推荐的百种优秀图书"、"中国好书"月度好书等，曾获江苏省精神文明建设"五个一工程"奖、桂冠童书奖等。有多部作品被改编为儿童广播剧、儿童音乐舞台剧、儿童电影、百集儿童校园短剧等。